科学のアルバム

食虫植物のひみつ

清水　清

あかね書房

もくじ

構成●七尾 純
イラスト●渡辺洋二
林 四郎
装丁●画工舎

科学のアルバム

食虫植物のひみつ

清水　清（しみず　きよし）

一九二四年、長野県伊那《いな》市に生まれる。

東京第一師範《しはん》（現東京学芸大学）・東京理科大学卒業後、小学校をかわきりに、中学・高校・大学で生物学を教える。そのかたわら、生物の写真を撮《と》りつづけた。

著書《ちょしょ》に「たまごのひみつ」「植物はうごいている」（共にあかね書房）、「食虫植物」「植物の名前小事典」（共に誠文堂新光社）、「ハエトリグサ」「寄生《きせい》植物」（共に岩崎書店）、「富士山の植物」（東海大学出版会）などがある。

一九九九年、逝去《せいきょ》。

虫《むし》をとらえて、食《た》べる植物《しょくぶつ》があるのをしっていますか。どうして虫《むし》を食《た》べるのでしょうか。どうやって虫《むし》をとらえるのでしょうか。

水《すい》ちゅうにただようムジナモ。

湿地《しっち》にはえるモウセンゴケ。

食虫植物《しょくちゅうしょくぶつ》のふるさと

福島《ふくしま》、群馬《ぐんま》、新潟県《にいがたけん》にまたがる、ミズバショウでゆうめいな尾瀬《おぜ》の湿《しっ》原《げん》や沼《ぬま》には、モウセンゴケ、タヌキモ、ミミカキグサなどの食虫植物《しょくちゅうしょくぶつ》が、たくさんはえています。

食虫植物《しょくちゅうしょくぶつ》がそだつには、尾瀬《おぜ》のように養分《ようぶん》がすくなくて、しかもミズゴケのそだつ沼《ぬま》や湿地《しっち》ができしているのです。

しかし、なかにはムシトリスミレのように雪《ゆき》どけ水《みず》のしたたる高山《こうざん》の岩場《いわば》や湿地《しっち》にはえるものもあります。

尾瀬ヶ原の湿原と沼

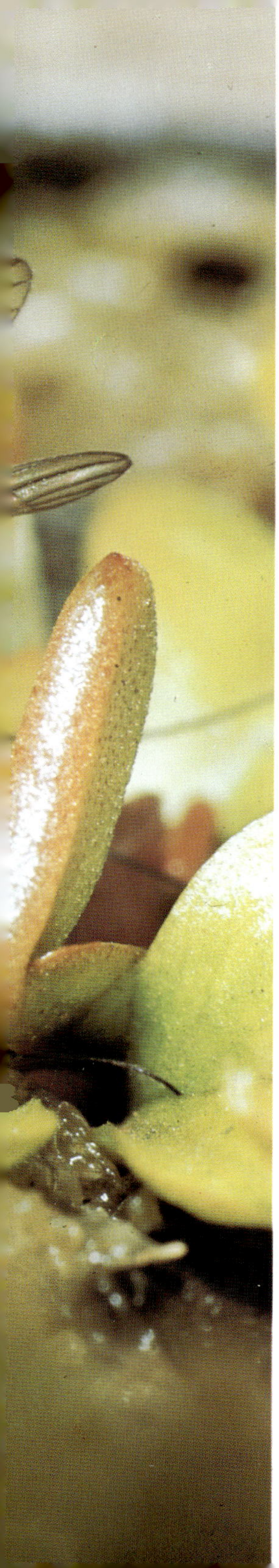

●おとしあな式《しき》・ウツボカズラ

●鳥《とり》もち式《しき》・モウセンゴケ

三つのとらえ方《かた》

食《しょく》虫《ちゅう》植《しょく》物《ぶつ》の虫《むし》のつかまえ方《かた》には、つぎの三つの方《ほう》法《ほう》があります。

●鳥《とり》もち式《しき》・葉《は》から粘《ねん》液《えき》をだして、虫《むし》をねばりつけてとらえる。

●わな式《しき》・葉《は》をとじあわせて、虫《むし》をはさむものと、水《すい》ちゅうで、ふくろの中《なか》に虫《むし》をすいこむものの二しゅるいがある。

●おとしあな式《しき》・ふくろの中《なか》に、虫《むし》をおとしこんでとらえる。

わな式《しき》・ハエトリソウ

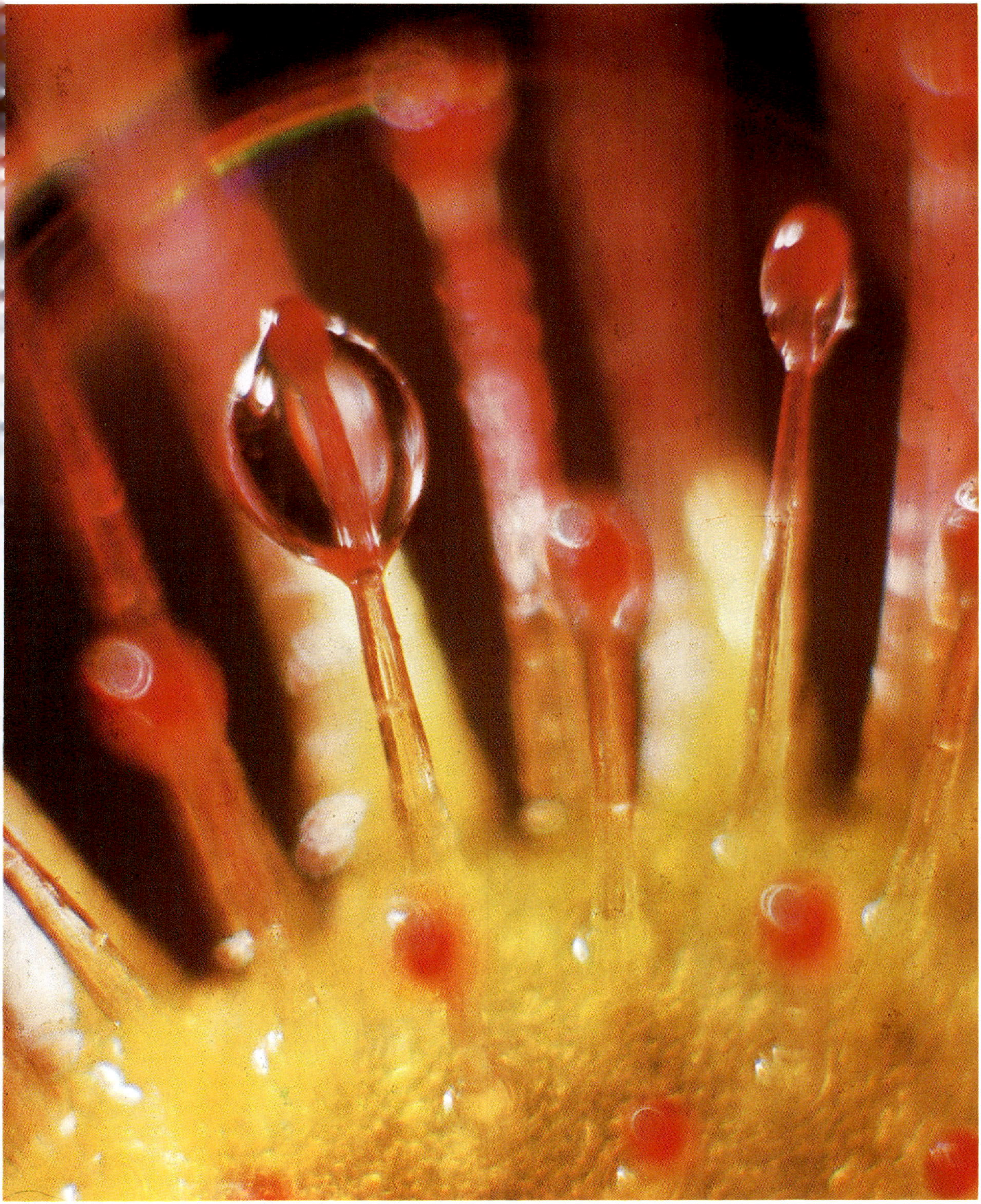

→毛《け》のさきからだされた粘液《ねんえき》。

←ミズゴケの中《なか》でそだつモウセンゴケのむれ。朝《あさ》つゆのようにひかっているのは粘液《ねんえき》。

↓１日《にち》に１つずつさく花《はな》。

●鳥《とり》もち式《しき》・モウセンゴケ

モウセンゴケは、日本《にっぽん》でいちばんたくさんある食虫植物《しょくちゅうしょくぶつ》です。ミズゴケのそだつ、日《ひ》あたりのよい湿地《しっち》でよくみられます。

モウセンゴケは春《はる》から夏《なつ》にかけて、五センチメートルくらいの葉《は》のえのさきにまるい葉《は》をつけます。葉《は》のふちと内《うち》がわには、たくさんの毛《け》がはえ、毛《け》のさきから水《みず》あめのようなすきとおった粘液《ねんえき》をだしています。

モウセンゴケといっても白《しろ》い花《はな》をさかせ、実《み》をつけるので、コケのなかまではありません。

虫《むし》をまつ葉《は》。

ハエがかかった。

葉《は》の運動《うんどう》がおこり，ハエをおさえつける。

モウセンゴケの捕虫《ほちゅう》

虫《むし》がとんできて、うっかり葉《は》の粘《ねん》液《えき》にふれると、虫《むし》はたちまちくっつけられてしまいます。虫《むし》がにげようと、もがけばもがくほど、モウセンゴケは粘液《ねんえき》をたくさんだします。そして毛《け》や葉《は》が運動《うんどう》をおこし、虫《むし》をおさえつけるのです。

粘液《ねんえき》は、ただ虫《むし》をねばりつけるだけでなく、虫《むし》のからだをとかす消化《しょうか》液《えき》をふくんでいて、虫《むし》を分解《ぶんかい》してしまいます。

分解《ぶんかい》された虫《むし》は、毛《け》から吸収《きゅうしゅう》されて、養分《ようぶん》になります。

●ハエの肉《にく》をとかし，養分《ようぶん》をすっているさいちゅうのモウセンゴケ。

⬆ナガバノモウセンゴケの群落《ぐんらく》。

●**ナガバノモウセンゴケ**

葉《は》のながいモウセンゴケの一しゅで、葉《は》のえをあわせると、一〇センチメートルにもなります。

⬇2つさいた花《はな》。ふつうは1日《にち》に1つ。

クモをとらえた葉《は》の運動《うんどう》が，おこりはじめた。

約《やく》8時間後《じかんご》，すっかり葉《は》につつみこまれた。

尾瀬《おぜ》には、世界《せかい》でもめずらしい、ナガバノモウセンゴケの大群落《だいぐんらく》があります。つかまえようとする植物《しょくぶつ》と、にげようとする虫《むし》とのあらそいが、あちこちでみられます。

葉《は》が大《おお》きいので、トンボ、チョウ、ハエなどもつかまえることができます。えものが大《おお》きいとき、おをつかまえる葉《は》、はねをおさえる葉《は》、足《あし》をくっつける葉《は》といったぐあいに、二～三枚《まい》の葉《は》が協力《きょうりょく》しあって、とりおさえます。

●ハッチョウトンボをとらえたナガバノモウセンゴケ。

➡車輪《しゃりん》のように葉《は》をひろげたコモウセンゴケ。下《した》の1枚《まい》の葉《は》は虫《むし》をとらえている。
⬇コモウセンゴケの花《はな》。白《しろ》い花《はな》のしゅるいもある。

●コモウセンゴケ

コモウセンゴケは、ナガバノモウセンゴケとちがって、あたたかい地方《ちほう》にはえます。宮城県《みやぎけん》より北《きた》には、まだ発見《はっけん》されていません。葉《は》を車輪《しゃりん》のように八方《ぽう》にひろげ、地面《じめん》にへばりついて、虫《むし》をまっています。葉《は》一枚《まい》のながさが二センチメートルぐらいなので、とらえる虫《むし》も小《ちい》さく、ブヨやアブラムシなどがよくつかまっています。小《ちい》さくて、赤《あか》いきれいな花《はな》をつけます。

←ガガンボをとらえたイシモチソウ。

↓虫《むし》をねばりつけ，まきつけたナガバノイシモチソウ。

●ナガバノイシモチソウ

湿地《しっち》にはえるほそながい葉《は》の植物《しょくぶつ》で、真夏《まなつ》になると、さかんに虫《むし》をとります。

チョウや大《おお》きなハエなどは、二《ふた》まきにしてつかまえます。

●イシモチソウ

あたたかい地方《ちほう》の湿地《しっち》にはえる植物《しょくぶつ》で、五月《がつ》ごろが最盛《さいせい》期《き》です。

葉《は》は三日月形《みかづきがた》で、五ミリメートルぐらいですから、小《ちい》さなハエ、ガガンボ、ブヨなどがえものになります。

●コウシンソウ

コウシンソウは、日本《にっぽん》にしかないめずらしい食虫植物《しょくちゅうしょくぶつ》で、栃木県《とちぎけん》の庚申山《こうしんざん》ではじめて発見《はっけん》されました。一日《にち》になん回《かい》もきりがかかる高《たか》い山《やま》の、垂直《すいちょく》にきりたった岩《いわ》はだにはえています。

葉《は》のながさは一・五センチメートルぐらいで、表面《ひょうめん》はハエトリ紙《がみ》のようにねばねばしていて、この上《うえ》をあるいた虫《むし》はとらえられてしまいます。

花《はな》は谷《たに》にむいてさきますが、

➡コウシンソウの葉《は》。
⬆谷川《たにかわ》をむいてさく花《はな》。
⬅山《やま》がわにむきなおり，岩《いわ》
だにこすりつけるようにし
て，たねをちらすコウシン
ソウ。

実《み》がじゅくすと、花《はな》のくきがぎゃくむきになり、岩《いわ》はだに実《み》をこすりつけてたねをまきちらします。

➡葉《は》は2～3センチメートル。
⬅1かぶのハエトリソウ。とじている葉《は》は虫《むし》をとらえたもの。
⬇ハエトリソウの花《はな》。

わな式《しき》・ハエトリソウ

北《きた》アメリカの湿原《しつげん》だけにはえているハエトリソウは、食虫植物《しょくちゅうしょくぶつ》のなかで、もっともすぐれた捕虫器《ほちゅうき》をそなえた植物《しょくぶつ》です。

根《ね》もとからでた葉《は》のえのさきに、まん中《なか》でおりたためるしくみの葉《は》が二枚《まい》、むかいあってついています。

葉《は》のふちの毛《け》は、虫《むし》をはさんだときの、格子戸《こうしど》のはたらきを、葉《は》の内《うち》がわにある小《ちい》さなはりは、虫《むし》をとらえるときの、ひきがねのはたらきをします。虫《むし》がこのはりにさわると、むかいあった葉《は》がとじあわさります。

虫《むし》がくるのをまつ葉《は》。

クモがきて足《あし》でひきがねをけとばした。

ハエトリソウの虫《むし》のとらえ方《かた》

虫《むし》たちは、ハエトリソウがおそろしい虫《むし》とり草《ぐさ》であることをまったくしりません。ですから、ハエトリソウのそばをへいきであるいたり、わなの中《なか》へもはいっていきます。

虫《むし》が葉《は》のみぞにはいり、ひきがねのはりにふれると、葉《は》は二分《ぶん》の一秒《びょう》ぐらいのはやさでとじます。

おもしろいことにはりに一回《かい》さわっただけではそのままですが、二回《かい》さわると運動《うんどう》をおこします。虫《むし》が葉《は》のちょうどまん中《なか》にきたころをみはからって、葉《は》をとじるというたいへ

⬆しめつけられるクモ。

⬆2回《かい》めにはりにふれたとたん，葉《は》がとじ

⬇葉《は》をひらくと，クモは消化《しょうか》されはじめていた。

んうまいしくみです。

はさみつけられた虫《むし》は、やがて葉《は》のしめつけにあって、つぶされてしまいます。そして消化《しょうか》され、吸収《きゅうしゅう》されるのです。

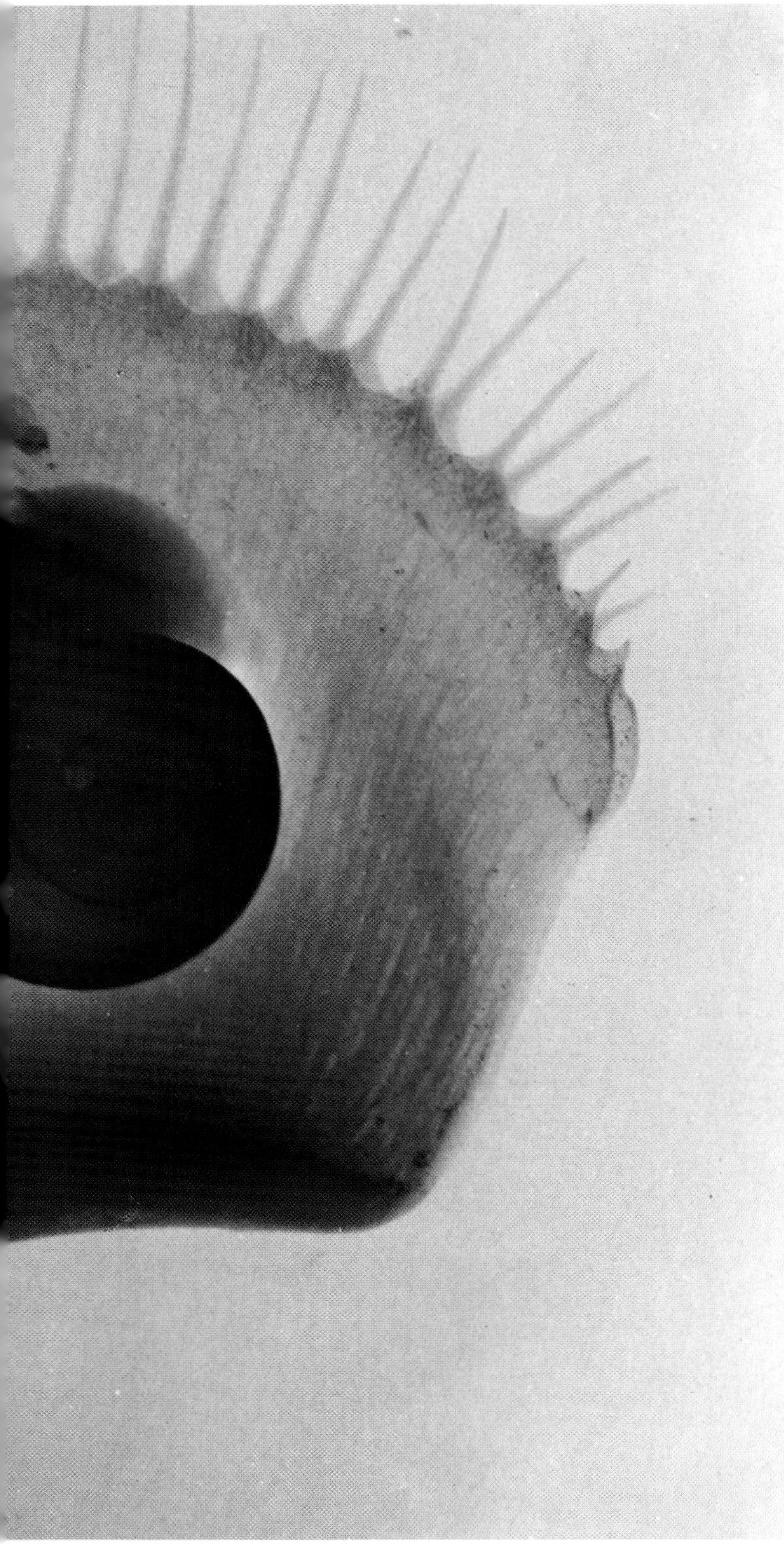

ハエトリソウにつかまったカタツムリをレントゲンでみたところです。カタツムリは、まだ生《い》きていてふんをしています。

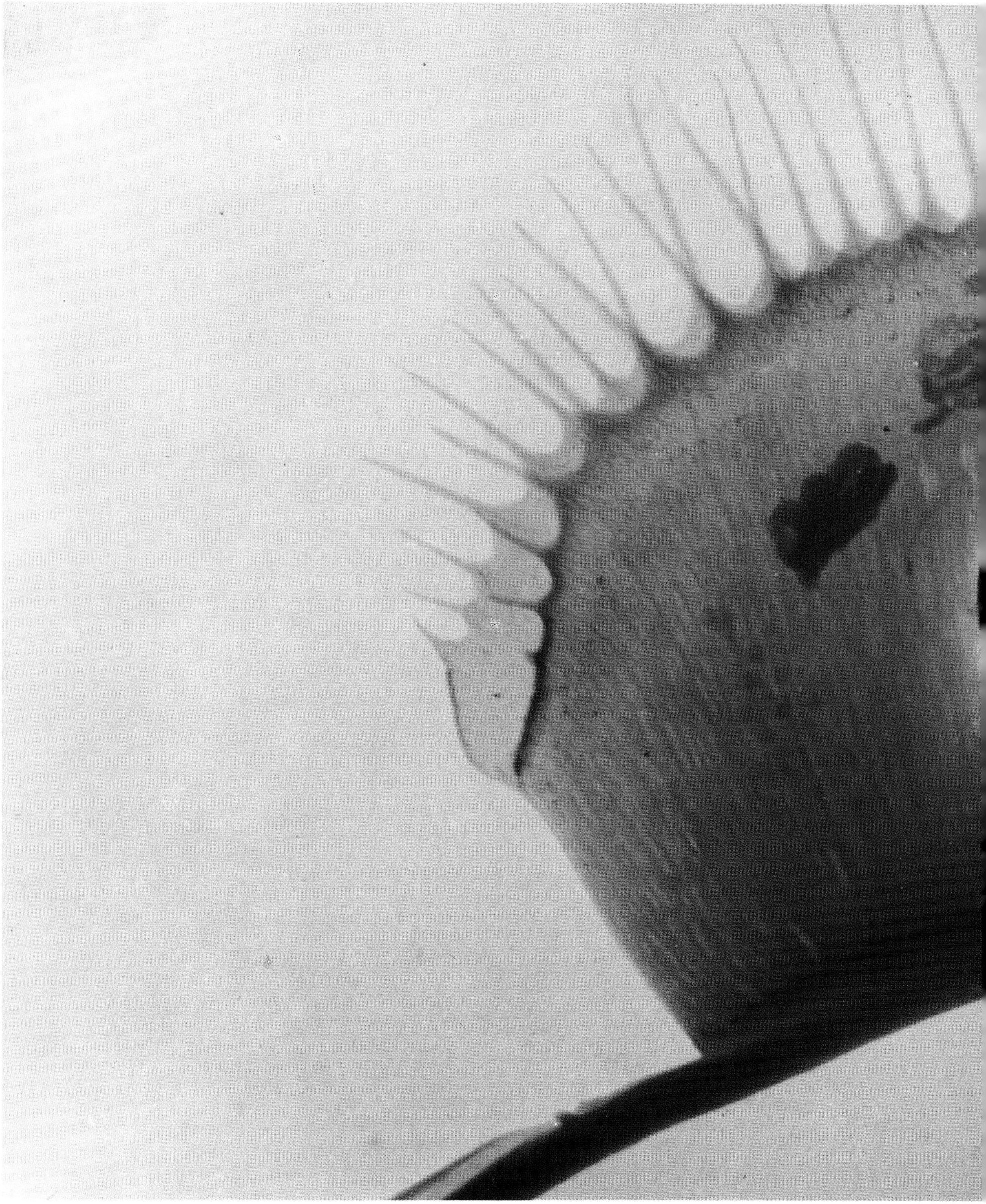

→捕虫器《ほちゅうき》をたくさんつけたムジナモ。
←ムジナモのそだっている沼《ぬま》。
↓日《にっ》ちゅうのわずかなあいだだけひらくムジナモの花《はな》。

●ムジナモ

ムジナモは、動物《どうぶつ》のムジナ（タヌキ）のしっぽににているというので名《な》づけられました。沼《ぬま》でそだち、ながさ一〇〜三〇センチメートルぐらいの根《ね》のない水草《みずくさ》です。

夏《なつ》になると、水面《すいめん》に白《しろ》くて小《ちい》さな花《はな》をさかせ、花《はな》がおわると、水《すい》ちゅうでたねをつくります。

ムジナモのそだつ沼《ぬま》の水《みず》がよごれたため、現在《げんざい》は、埼玉県《さいたまけん》にある沼《ぬま》にしかそだっていません。

ムジナモのそだつ沼《ぬま》が、ふえてほしいものです。

→口《くち》をあけ、プランクトンのはいるのをまつ葉《は》。

←ボウフラをはさみつけた葉《は》。

虫《むし》をつかまえるムジナモ

沼《ぬま》には、ミジンコやケイソウなどのプランクトンがたくさんすんでいます。

ムジナモは、ハマグリのようなかたちをした葉《は》をひらいて、プランクトンがはいるのをまっています。

プランクトンが葉《は》の中《なか》にはいると、五〇分《ぶん》の一秒《びょう》以《い》上《じょう》のはやさで葉《は》をとじ虫《むし》をつかまえるのです。

水《すい》ちゅうで、おをふりながらあがりさがりするボウフラも、葉《は》の中《なか》にはいったしゅんかん、とらえられてしまいます。

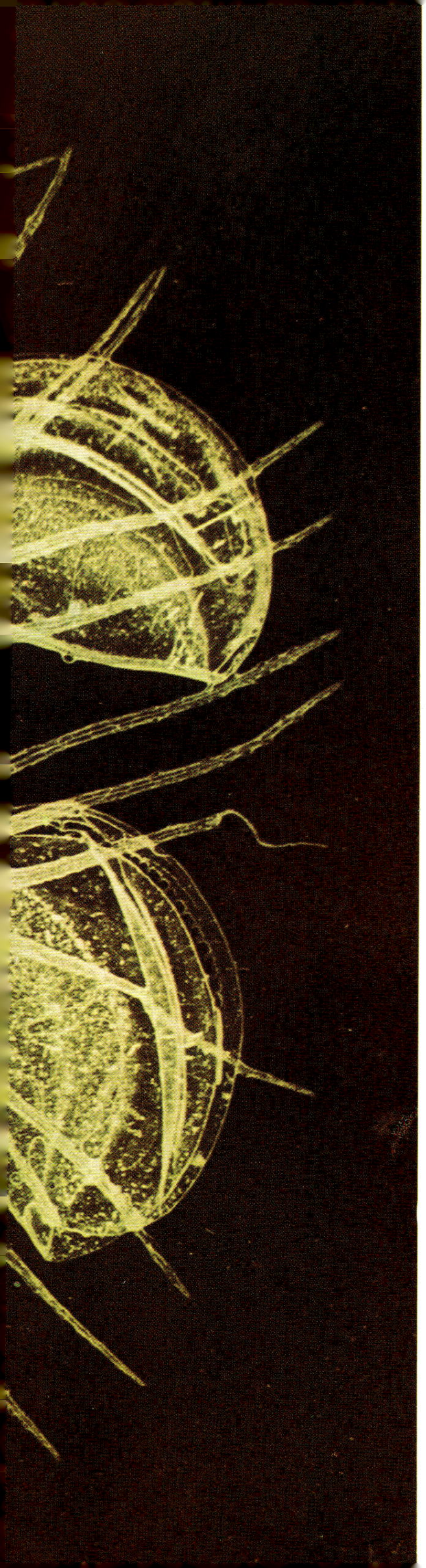

↑ムジナモの葉《は》のひとつをとりだした。
←風車《ふうしゃ》のように，くきのまわりについている葉《は》。

➡捕虫《ほちゅう》のうという，葉《は》につい
くろ。ながさ４ミリメー
⬅池《いけ》にはえているタヌキモ
れ。
⬇タヌキモの花《はな》。

● タヌキモ

動物《どうぶつ》では、タヌキとムジナはおなじものですが、食虫植物《しょくちゅうしょくぶつ》のタヌキモとムジナモは、ちがう植物《しょくぶつ》です。

タヌキモは、池《いけ》や沼《ぬま》やたんぼでそだつ水中植物《すいちゅうしょくぶつ》で、根《ね》がなく、大《おお》きいものは一〜二メートルにもなります。

小《ちい》さな芽《め》で冬《ふゆ》ごしをしたタヌキモは、春《はる》になって水《みず》がぬるむとかたまりをほぐすように葉《は》をのばしはじめます。まもなく葉《は》にふくろをたくさんつけ、虫《むし》とりをはじめるのです。

夏《なつ》になると、水面《すいめん》に一センチメートルぐらいの黄色《きいろ》い花《はな》をさかせます。

捕虫《ほちゅう》のうのしくみ。

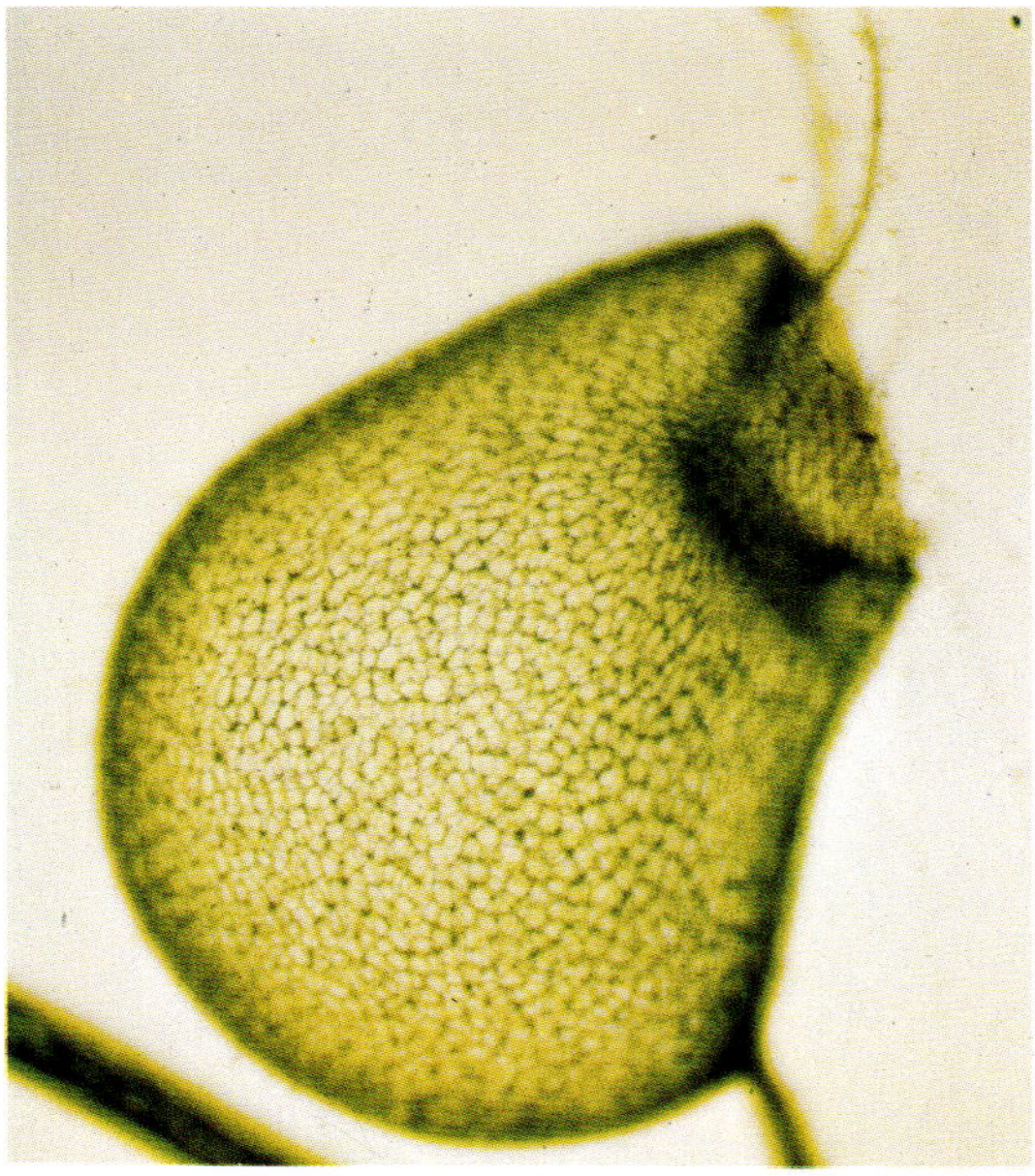

捕虫《ほちゅう》のうの顕微鏡写真《けんびきょうしゃしん》。

タヌキモの虫《むし》のとらえ方《かた》

捕虫《ほちゅう》のうの入口《いりぐち》は、弁《べん》でふさがれています。ふくろの中《なか》の水圧《すいあつ》がまわりの水圧《すいあつ》にくらべてひくいので、ふくろはへこんでいます。

ミジンコのようなプランクトンが入口《いりぐち》によってきて、ほそい毛《け》にふれると、弁《べん》がひらき、水《みず》は中《なか》へすいこまれます。このとき、プランクトンもいっしょにすいこまれ、弁《べん》がしまり、生《い》けどりにされてしまいます。

捕虫《ほちゅう》のうを顕微鏡《けんびきょう》でみると、ふくろの中《なか》をうごきまわるプランクトンがかんさつできます。

●アカムシの頭《あたま》とおをとらえた捕虫《ほちゅう》のう。

たくさんのふくろをつけたウツボカズラ。

葉《は》のさきにひもができ，そのさきがふくらんでいく。

まだふたがしまっているふくろ。中《なか》に水《みず》がはいっている。

ふたがあいて，虫《むし》がはいるのをまつふくろ。

おとしあな式《しき》・ウツボカズラ

ウツボカズラは、ボルネオやスマトラなどの熱帯地方《ねったいちほう》に自生《じせい》する食虫《しょくちゅう》植物《しょくぶつ》です。

葉《は》のさきに、ふたのついたふくろをぶらさげています。虫《むし》や動物《どうぶつ》は、このふくろにおちこんでしまうのです。

ふくろのかたちや大《おお》きさはいろいろあり、大《おお》きいものでは、入口《いりぐち》の直《ちょっ》けいが一〇センチメートル、ながさ三五センチメートルぐらいのものがあります。こんなに大《おお》きなふくろは、虫《むし》ばかりでなく、ネズミやカエルなどもとらえることができます。

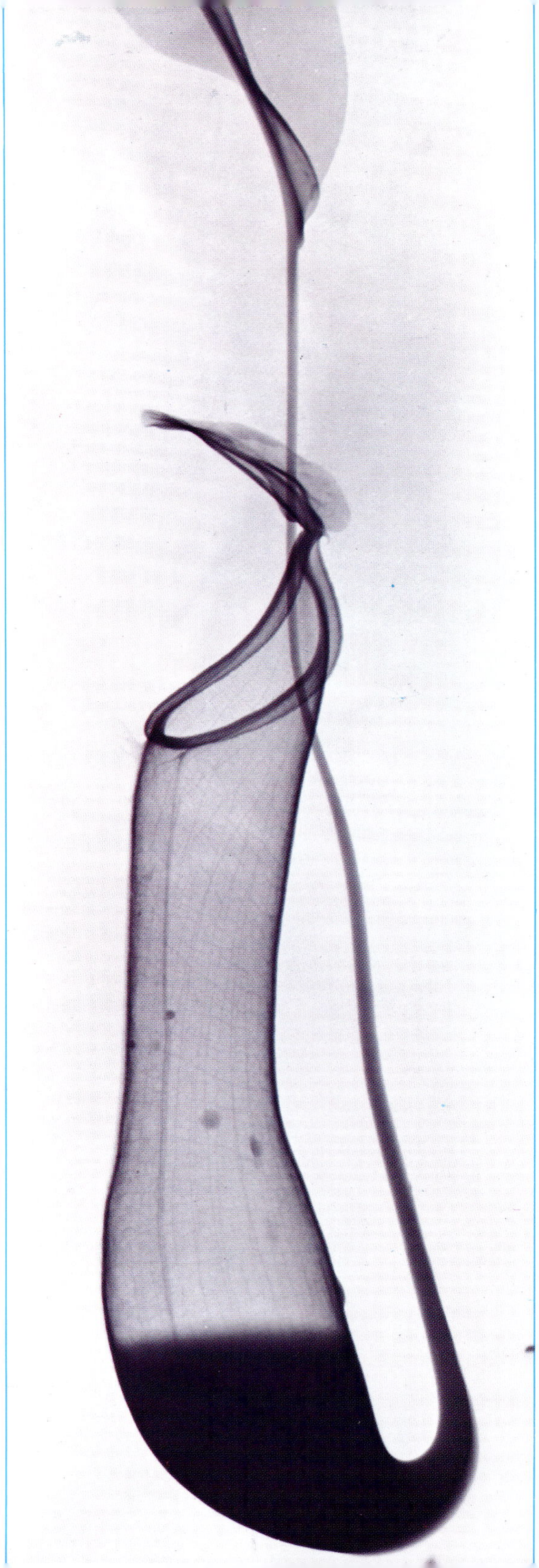

➡ヒョウタンウツボカズラのふくろをレントゲンでみたところ。

ウツボカズラの虫《むし》のとり方《かた》

ふくろをレントゲンでみると、中《なか》に水《みず》のたまっているのが黒《くろ》くみえます。

みつにさそわれてきた虫《むし》が、うっかり足《あし》をすべらせると、ふくろのかべは、ガラスのようになめらかで足《あし》がかからないので、すべりおち、底《そこ》にある水《みず》の中《なか》で、おぼれしんでしまうのです。

←ふくろの底《そこ》をきりひらいて、虫《むし》のはいっているようすをみた。

いったん、虫《むし》がおちこむと、消化液《しょうかえき》をだし、中《なか》の液体《えきたい》は酸性《さんせい》にかわります。そして、虫《むし》はふくろの中《なか》で、すこしずつ分解《ぶんかい》され、吸収《きゅうしゅう》されていくのです。動物《どうぶつ》の胃《い》ぶくろによくにています。

⬆この虫《むし》はおぼれてしんだ。

↑たくさんのふくろをつけたサラセニア。

↓春《はる》にさくサラセニアの花《はな》。

●サラセニア

山《やま》へいったとき、木《き》の葉《は》をまるめ、コップをつくって水《みず》をのみますが、サラセニアのふくろは、しぜんにつくられた葉《は》のコップです。

ふくろは一メートルもあるようなほそながいものもあれば、一〇センチメートルぐらいのずんぐりしたものもあります。

ふくろのふたには、たくさんみつをだす腺《せん》があります。ふくろのかべには、さか毛《げ》がはえ、底《そこ》には水《みず》がたまっているので、みつをすいにきた虫《むし》が中《なか》にはいるとでてこられません。

↑パイプのようなかたちをしたふくろ。
→ふくろの断面《だんめん》。管《くだ》はほそく，さか毛《げ》がある。

●サラセニア・プシタシナ

くびれたところにあながあり、ふくろの中《なか》はほそい管《くだ》で、さか毛《げ》がはえています。虫《むし》がはいりこんで、うごけばうごくほど、ふかみにはまるのです。

*食虫植物《しょくちゅうしょくぶつ》はなぜ虫《むし》をとるのか

タヌキモの冬芽《ふゆめ》の断面《だんめん》

モウセンゴケ

ムジナモの冬芽《ふゆめ》の断面《だんめん》

コウシンソウ

冬芽《ふゆめ》で越冬《えっとう》する食虫植物《しょくちゅうしょくぶつ》たち。

タンポポは、根《ね》からすいあげた水《みず》や養分《ようぶん》、それから葉《は》でつくられた糖分《とうぶん》を栄養《えいよう》にして成長《せいちょう》し、花《はな》をさかせて種《たね》をみのらせます。タンポポだけではなく、そのほか、わたしたちの身《み》のまわりにある植物《しょくぶつ》のほとんどは、水分《すいぶん》や養分《ようぶん》のおおいこえた土地《とち》にはえていますから、あまり苦労《くろう》しなくても生活《せいかつ》できます。

ところが、広《ひろ》い地球《ちきゅう》には、めったに雨《あめ》のふらない砂《さ》ばくがあります。また雨《あめ》はふっても、養分《ようぶん》のすくないやせ地《ち》があります。

そんなところにも植物《しょくぶつ》は育《そだ》っています。このようなすみにくいところで育《そだ》つ植物《しょくぶつ》は、どのようなしくみで生活《せいかつ》しているのでしょう。

砂《さ》ばくに育《そだ》つサボテンをしらべてみましょう。サボテンが芽《め》ばえるときや、若《わか》い茎《くき》のときには葉《は》がついていますが、やがておちてしま

タンポポの花《はな》と葉《は》。

モウセンゴケの花《はな》と葉《は》。

います。これは葉《は》の気孔《きこう》から、水分《すいぶん》が外《そと》にでるのをふせぐためです。

茎《くき》は太《ふと》っていて、切《き》ってみると、中《なか》に水《みず》をたくわえた細胞《さいぼう》の集《あつま》りがみえます。このようにして、葉《は》をおとし、茎《くき》に水分《すいぶん》をたくわえていれば、日照《ひで》りつづきの砂《さ》ばくでも、なんとか生《い》きていくことができるのです。

いっぽう、水分《すいぶん》はあっても養分《ようぶん》のすくないところで育《そだ》つ植物《しょくぶつ》はどうでしょう。土《つち》からの養分吸収《ようぶんきゅうしゅう》はあてになりません。そこでまったく新《あたら》しい方法《ほうほう》、つまり、空《そら》をとぶ虫《むし》や、水中《すいちゅう》をおよぎまわるプランクトンを直接《ちょくせつ》つかまえて食《た》べる、ということを自然《しぜん》と身《み》につけたのです。これが食虫植物《しょくちゅうしょくぶつ》です。

←イトバモウセンゴケの葉《は》。

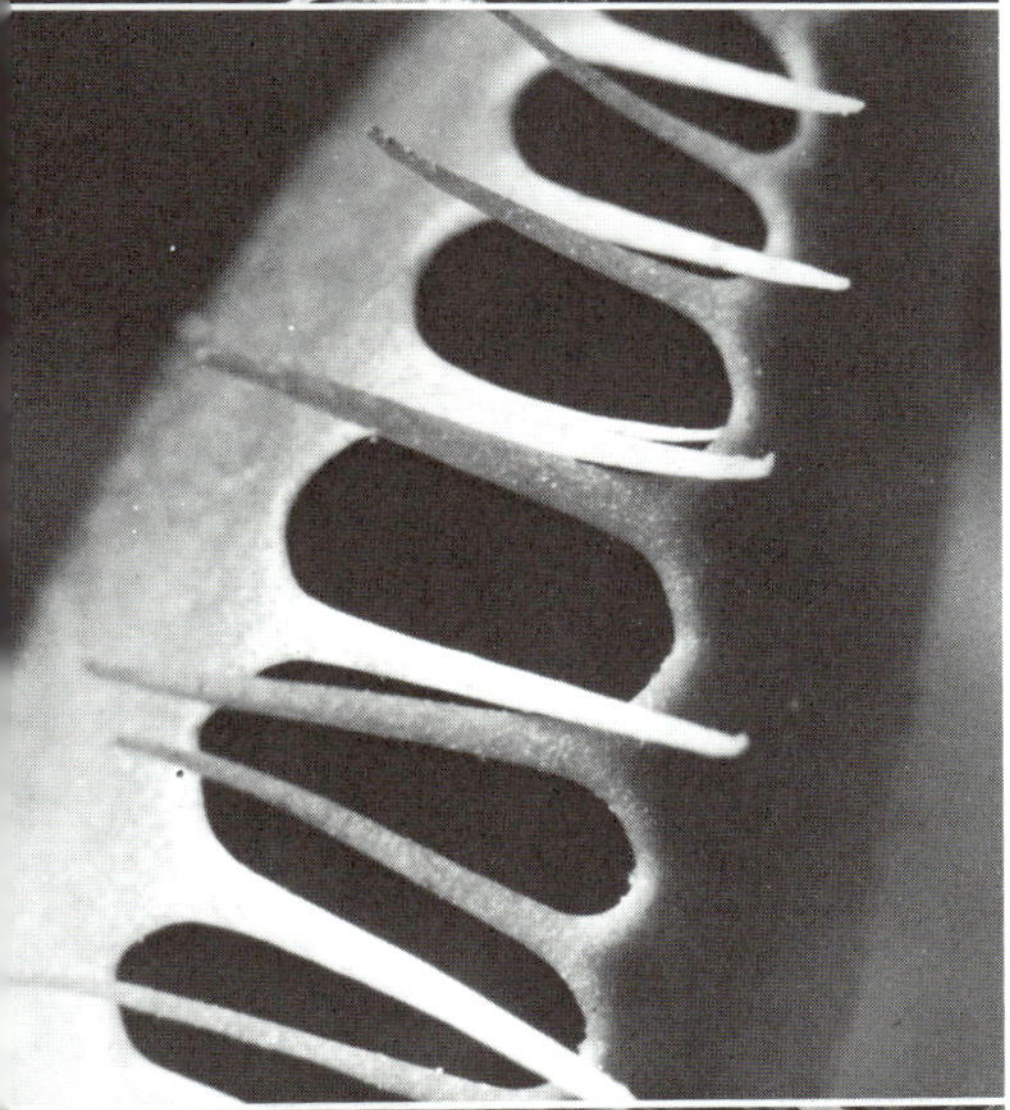

←ハエトリソウの葉《は》。

←サラセニアの葉《は》。

食虫植物《しょくちゅうしょくぶつ》は、葉《は》をつくりかえて捕虫器《ほちゅうき》にしました。とらえた虫《むし》を分解《ぶんかい》する消化液《しょうかえき》まで用意《ようい》しました。そんなこととはつゆしらず、虫《むし》たちは、うつくしい花《はな》や、おもしろい形《かたち》の葉《は》や、あまい蜜《みつ》にさそわれてちかづいてきます。そして、餌食《えじき》になってしまうのです。きびしい環境《かんきょう》での生活《せいかつ》のくふうが、食虫植物《しょくちゅうしょくぶつ》をうんだといえます。

もし、食虫植物《しょくちゅうしょくぶつ》が虫《むし》をとれなかったら、かれてしまうでしょうか。かれません。食虫植物《しょくちゅうしょくぶつ》も、ほかの緑色《りょくしょく》の葉《は》をもつ植物《しょくぶつ》とおなじく、日光《にっこう》のたすけをかりて炭酸同化作用《たんさんどうかさよう》をして、葉《は》で養分《ようぶん》をつくりだしているからです。しかし、長《なが》いあいだ捕虫《ほちゅう》しなかったものを、捕虫《ほちゅう》したものとくらべると、大《おお》きさ、色《いろ》、繁殖力《はんしょくりょく》がおとっています。捕《ほ》虫《ちゅう》は、食虫植物《しょくちゅうしょくぶつ》たちにとって栄養分《えいようぶん》のたいせつなおぎないなのです。

＊食虫植物《しょくちゅうしょくぶつ》のなかま

食虫植物《しょくちゅうしょくぶつ》は、世界《せかい》で七科約《かやく》七〇〇種《しゅ》がしられています。そのうち、日本《にっぽん》で自然《しぜん》にはえているものは二科《か》約《やく》二〇種《しゅ》です。世界《せかい》じゅうで一番《ばん》おおきいものは、つるが一〇〜二〇メートルものびるウツボカズラがあり、ちいさいものは一センチメートルもないピグミーモウセンゴケまであります。

←食虫植物《しょくちゅうしょくぶつ》の標本《ひょうほん》。●は外国種《がいこくしゅ》です。

サジバモウセンゴケ
（モウセンゴケ科《か》）
●ピグミーモウセンゴケ
イシモチソウ
（モウセンゴケ科《か》）
コモウセンゴケ
ナガバノモウセンゴケ
モウセンゴケ
ヒメミミカキグサ
ナガバノイシモチソウ
（モウセンゴケ科《か》）
ムラサキミミカキグサ
（タヌキモ科《か》）
ミミカキグサ
ホザキミミカキグサ
（タヌキモ科《か》）
●サラセニア
（サラセニア科《か》）
ムシトリスミレ
（タヌキモ科《か》）
コウシンソウ
（タヌキモ科《か》）
ムジナモ
（モウセンゴケ科《か》）

世界《かい》のおもな分布《ぶんぷ》

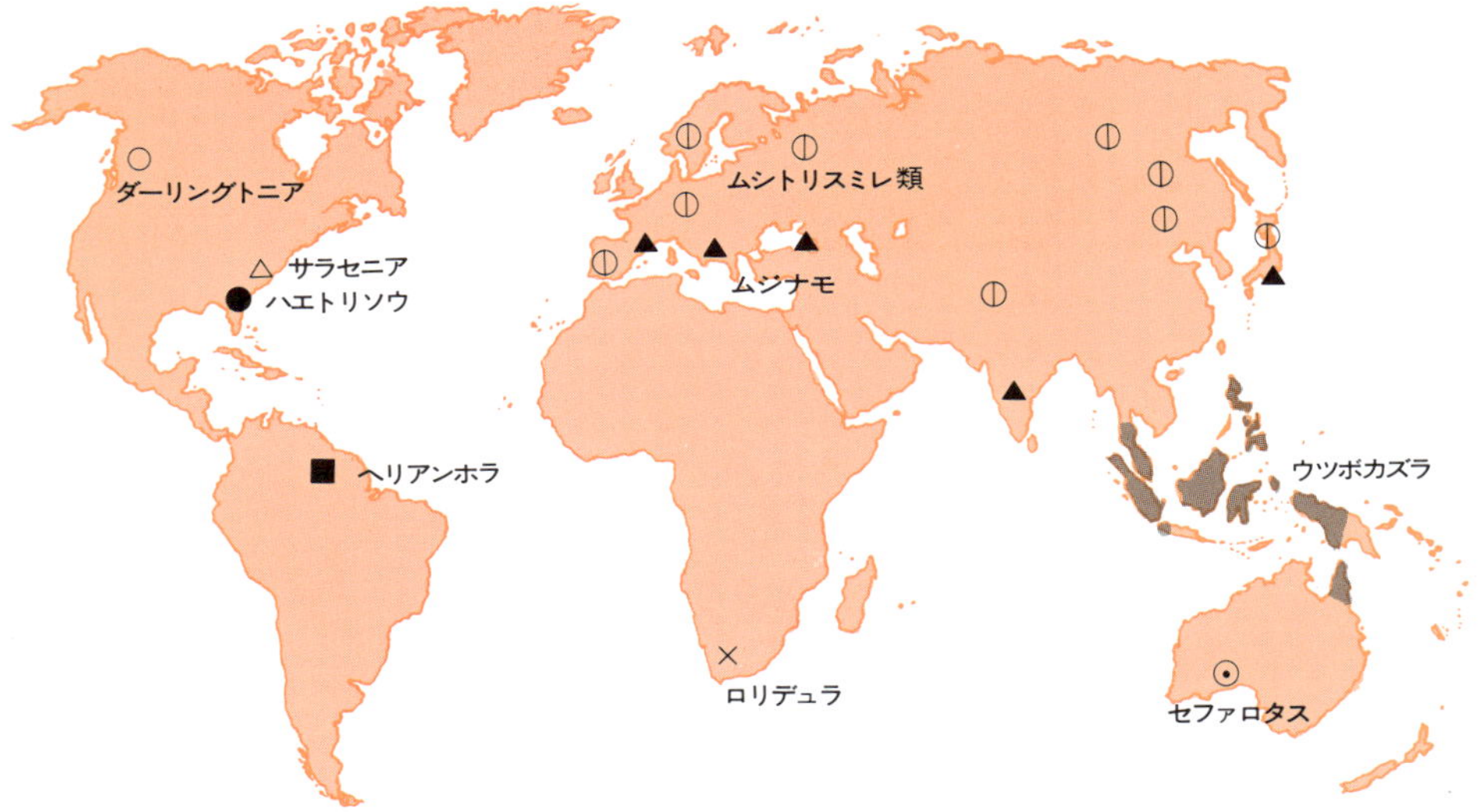

⬆ダーリングトニア，ヘリアンホラ，セファロタス，ウツボカズラはおとしあな式《しき》，ロリデュラは鳥《とり》もち式《しき》です。

食虫植物《しょくちゅうしょくぶつ》のはえているところは世界各地《せかいかくち》にありますが、有名《ゆうめい》なハエトリソウ、サラセニアは北《きた》アメリカに、食虫植物《しょくちゅうしょくぶつ》のうちで一番《ばん》大《おお》きなウツボカズラは、スマトラ、ボルネオ、ニューギニア、フィリピンの熱帯地方《ねったいちほう》に、カンガルーのようなふくろをもったセファロタスはオーストラリアにあります。

日本《にっぽん》では、全国《ぜんこく》にはえているものは、モウセンゴケとタヌキモ類《るい》で、コウシンソウやナガバノモウセンゴケは、ごくかぎられたところにしかありません。ムジナモは埼玉県《さいたまけん》の沼《ぬま》にしかありません。世界《せかい》でも数少《かずすく》ないところです。研究者《けんきゅうしゃ》たちによって、ムジナモをたやさないよう努力《どりょく》が続《つづ》けられています。なんとかして、ムジナモにとって、すみよい環境《かんきょう》をまもりたいものです。

日本《にっぽん》のおもな分布《ぶんぷ》

タヌキモ科《か》
- ×ムシトリスミレ
- コウシンソウ
- ホザキミミカキグサ
- ヒメミミカキグサ
- ムラサキミミカキグサ
- イトタヌキモ
- ヒメタヌキモ
- コタヌキモ
- ヤチコタヌキモ
- ノタヌキモ
- フサタヌキモ
- ⦶タヌキモ
- イヌタヌキモ

モウセンゴケ科《か》
- ●モウセンゴケ
- △ナガバノモウセンゴケ
- サジバモウセンゴケ
- ○コモウセンゴケ
- イシモチソウ
- ナガバノイシモチソウ
- ムジナモ

⬆日本《にっぽん》には上《うえ》にあげた2科《か》約《やく》20種《しゅ》の食虫植物《しょくちゅうしょくぶつ》が自然《しぜん》にはえています。地図《ちず》には，ムシトリスミレ，タヌキモ，モウセンゴケ，ナガバノモウセンゴケ，コモウセンゴケをのせました。

⬆細《ほそ》い針金《はりがね》のかたまりをのせた。すこしうごいた毛《け》もひろがった。

⬇ハエのからだに消化液《しょうかえき》をしみこませ，長《なが》い時間《じかん》かかって分解《ぶんかい》する。

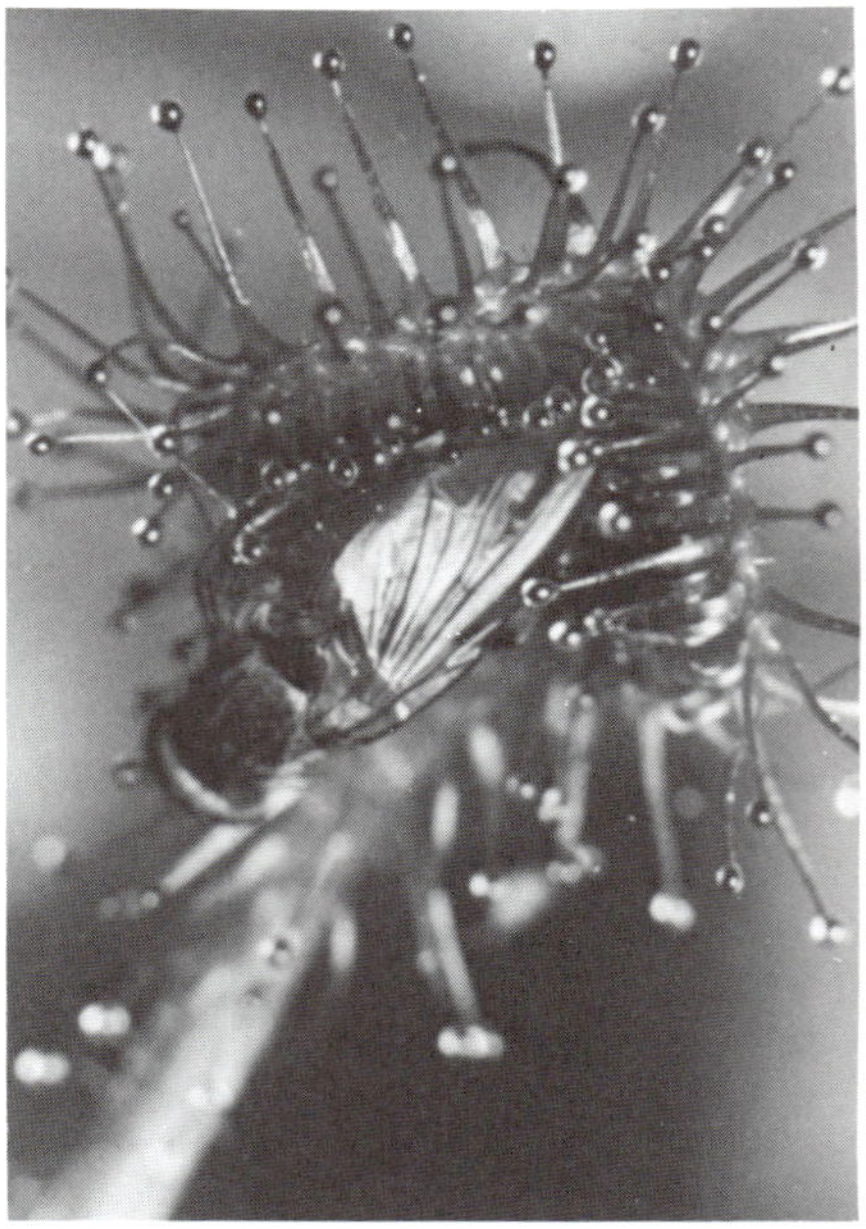

毛《け》からだされる粘液《ねんえき》で虫《むし》をつかまえるモウセンゴケは、食《た》べられるものと食《た》べられないものを区別《くべつ》することができます。

葉《は》に、虫《むし》や肉《にく》のちいさいかたまりをのせると、ふれている毛《け》にちかい毛《け》から、じょじょに運動《うんどう》をおこして、しまいには葉《は》ごとまるまってしまいます。

そして、たくさんの粘液《ねんえき》をだして虫《むし》のから

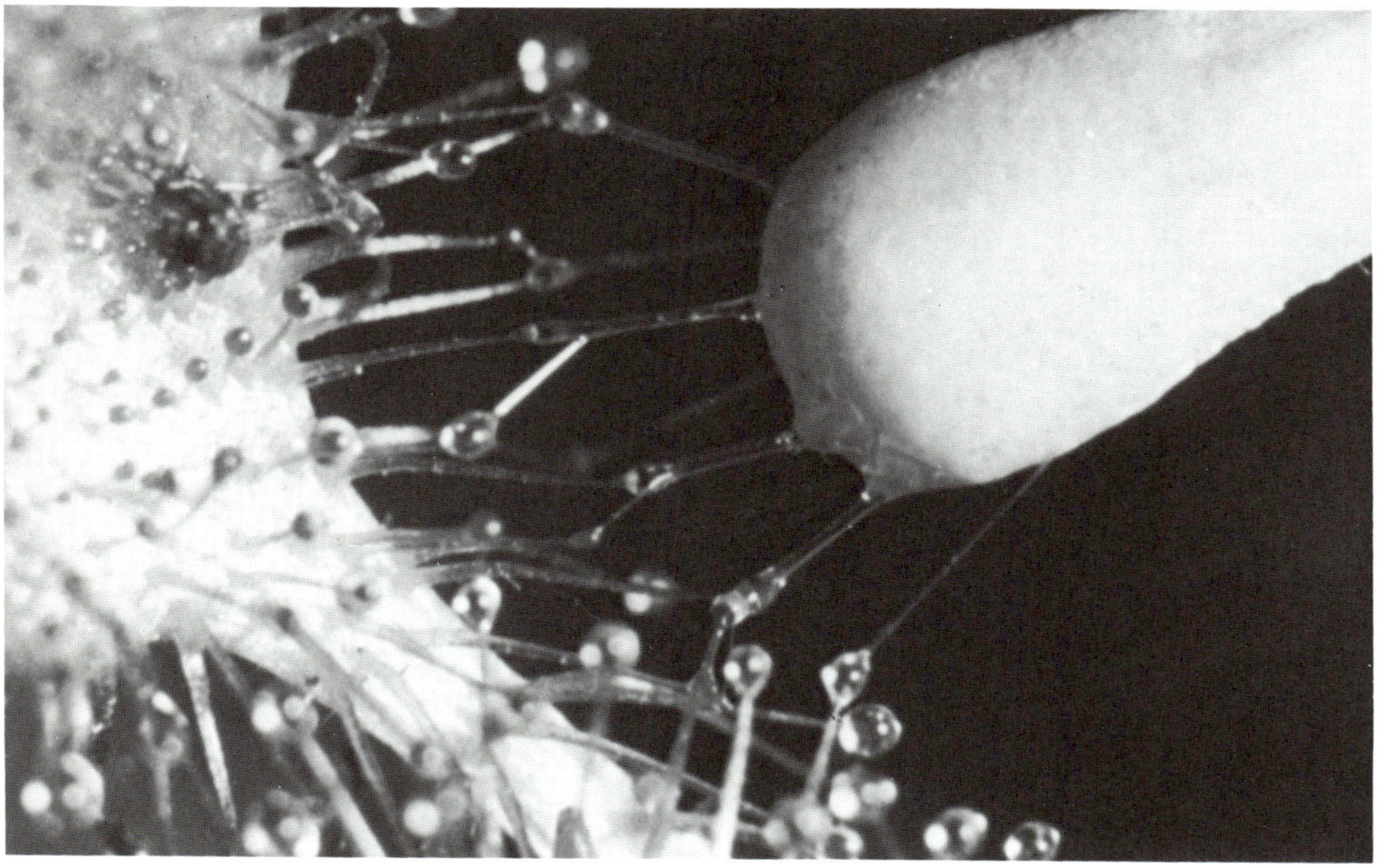

↑毛《け》からでる粘液《ねんえき》にマッチぼうでふれた。

だを分解《ぶんかい》し、養分《ようぶん》を毛《け》から吸収《きゅうしゅう》していくのです。

しかし、ちいさい石《いし》ころや針金《はりがね》のかたまりをのせると、はじめ、毛《け》はすこしうごきますが、ある程度《ていど》以上《いじょう》はうごかず、粘液《ねんえき》も余分《よぶん》にはだしません。

粘液《ねんえき》のはたらきは、ただ虫《むし》を粘《ねば》りつけるだけでなく、液《えき》をからだにしみこませるはたらき、肉《にく》を分解《ぶんかい》するはたらき、食《た》べおわるまで肉《にく》をくさらせないようにするはたらきまでしています。

きれいなつゆにしかみえない水玉《みずたま》の中《なか》には、粘《ねば》りつけ、しみこみ、くさりどめ、消化《しょうか》と四つのはたらきをする成分《せいぶん》がはいっているのです。

粘液《ねんえき》は、マッチぼうや指《ゆび》さきでふれると、糸《いと》をひくほどなので、羽《はね》をもったハエやガガンボがかかると、まずにげられません。

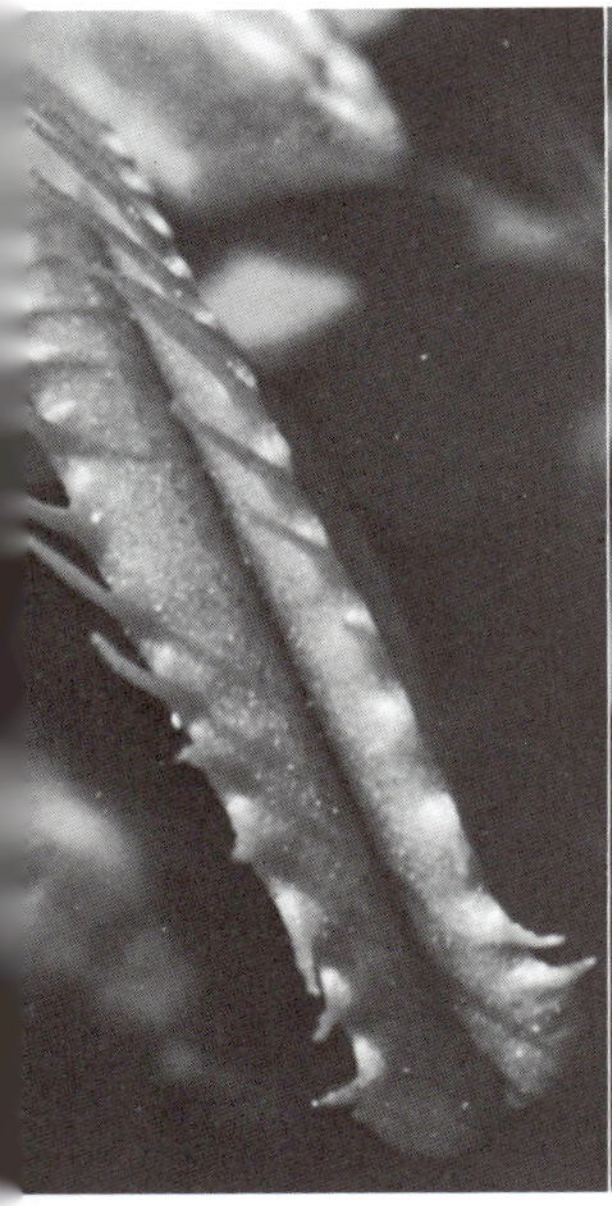

全《ぜん》に虫《むし》がとらえられたころ，
さえつける運動《うんどう》がはじまる。

↑感覚毛《かんかくもう》に2回《かい》さわった
とたんとじあわさった。

↑葉《は》の中《なか》にダンゴ虫《むし》がはいり
こんできた。

ハエトリソウの葉《は》は、シャコ貝《がい》のように、まん中《なか》でおりたためるつくりになっています。

葉《は》のふちには、針状突起《しんじょうとっき》という針《はり》のようなものがなん本《ぼん》もはえ、内《うち》がわには三対《つい》の感覚《かんかく》毛《もう》がでています。

虫《むし》が葉《は》の中《なか》にはいりこみ、この感覚毛《かんかくもう》にふれたとき、運動《うんどう》をおこして、葉《は》がとじあわさるのです。

おもしろいことに、感覚毛《かんかくもう》に一回《かい》さわっても葉《は》はとじませんが、二回《かい》さわったしゅんかん、運動《うんどう》をおこします。

一回《かい》めでとじたら、虫《むし》のからだはまだじゅうぶん葉《は》の中《なか》にはいっていないので、虫《むし》の頭《あたま》ぐらいしかつかまえられません。

二回《かい》めでとじるということは、虫《むし》のからだ全体《ぜんたい》が、葉《は》の中《なか》にはいりこんだじょうたいの

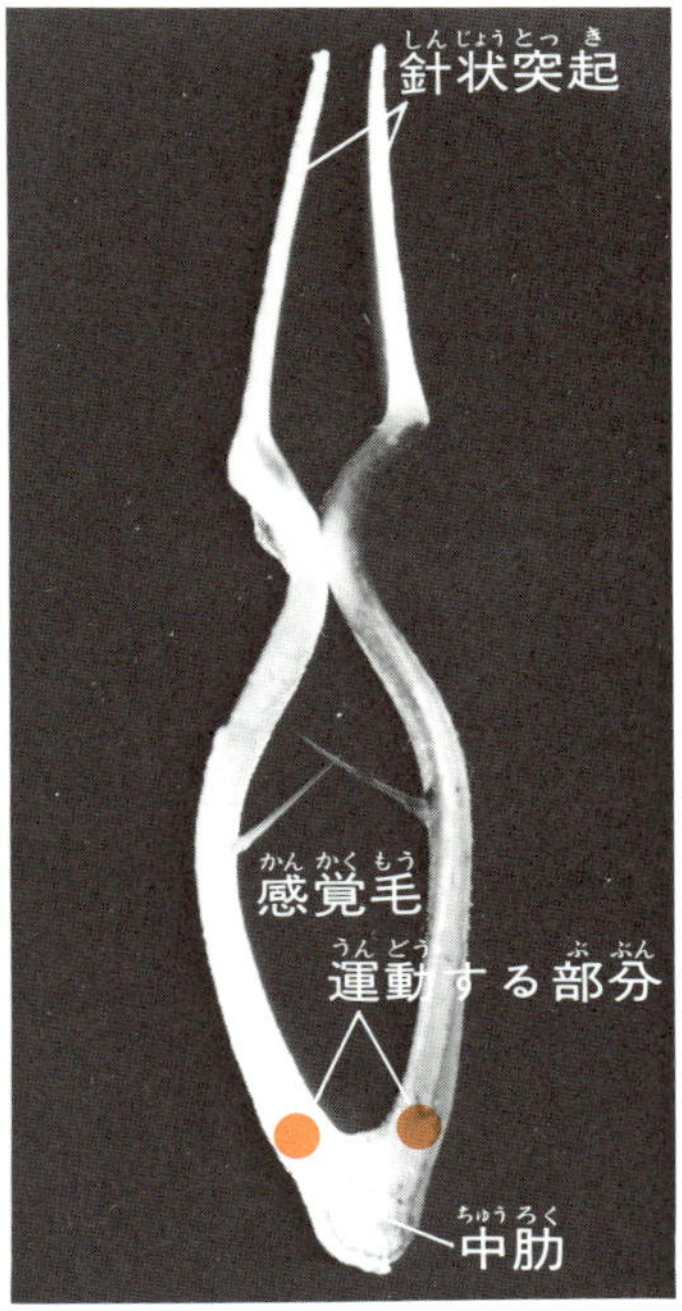

↑とじた葉《は》の断面《だんめん》。

←葉《は》のつくり。

ときです。ハエトリソウの葉《は》は、確実《かくじつ》に虫《むし》をとらえる精密機械《せいみつきかい》のようにできているのです。

さらに、葉《は》は最初《さいしょ》から完全《かんぜん》にとじることをしません。半《はん》とじのままで、虫《むし》のからだが全《ぜん》部《ぶ》中《なか》にはいりこむのをまちます。

虫《むし》をとりこんだ葉《は》は、つぎに、はさみつけ運《うん》動《どう》をおこないます。

このしめつける力《ちから》は相《そう》当《とう》強《つよ》く、やわらかいクモなどはつぶされてしまいます。

中《なか》のようすをみるためにピンセットで葉《は》をこじあけようとしても、なかなかあきません。無理《むり》をすると、葉《は》がこわれることさえあります。

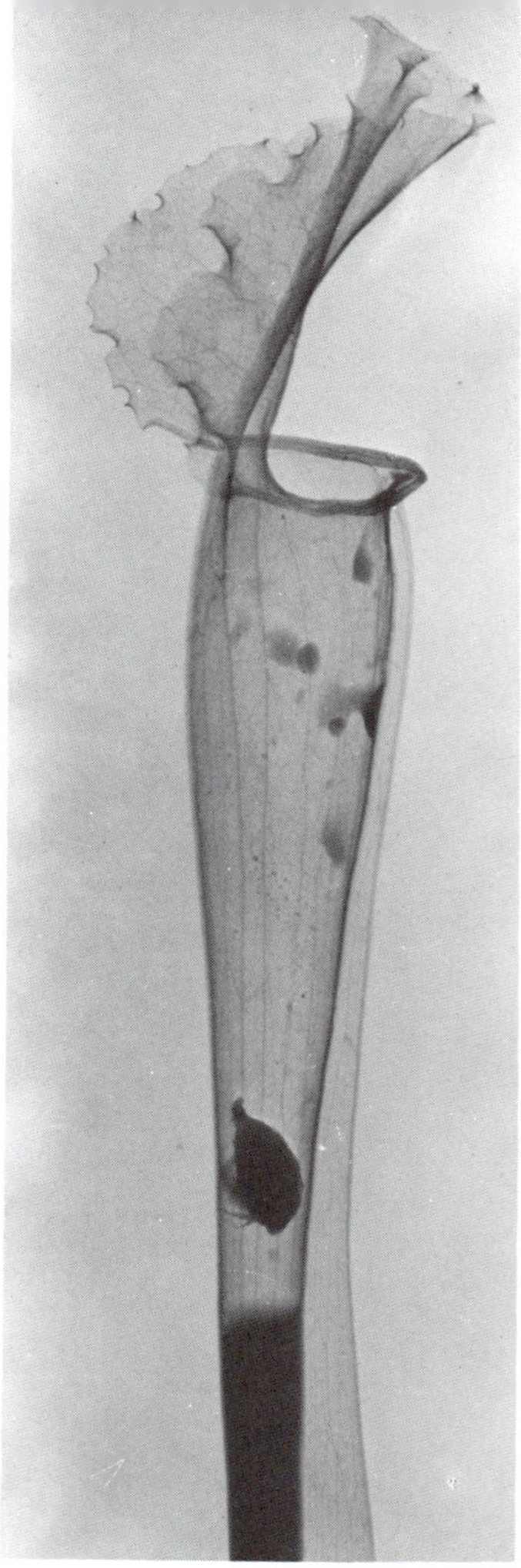

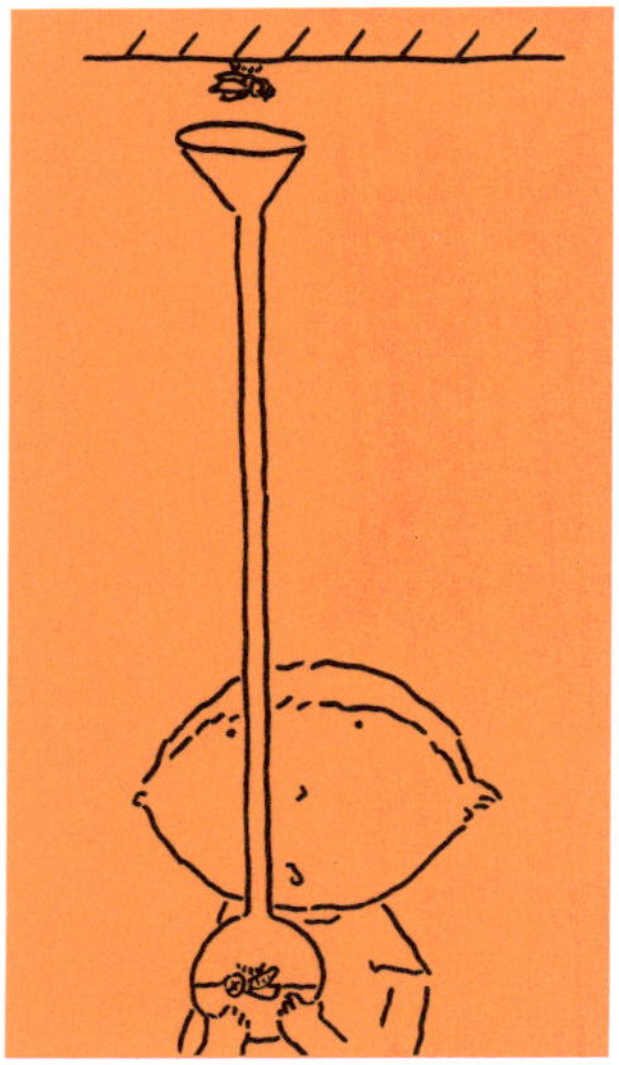

➡サラセニアの捕虫《ほちゅう》ぶくろのレントゲン写真《しゃしん》。虫《むし》が中《なか》にはいると、ほそく、すべすべしていて、でられない。黒《くろ》くみえるのは虫《むし》。

＊サラセニアのちえ

天《てん》じょうにとまったハエをとるのに絵《え》のようなガラス管《かん》をつかうことがあります。ガラス管《かん》はほそくなめらかなので、ハエは羽《は》ばたくことも、のぼることもできません。そのうちに、下《した》の水《みず》におぼれて死《し》ぬのです。

このハエとり器《き》は、つくりといい、はたらきといい、サラセニアと、よくにています。

別《べつ》のサラセニア・プシタシナという種類《しゅるい》は、ふくろのさきがくびれ、その内《うち》がわに虫《むし》のはいる程度《ていど》のちいさなあながあいています。

虫《むし》はこのあなからはいりますが、一度《ど》はいると、ふたたびこのあなからでようとしません。それは、サラセニア・プシタシナの天《てん》じょうに、白《しろ》いあかりとりのまどがあるためです。虫《むし》はあかるいところからでようとして、さまよいあるくのです。

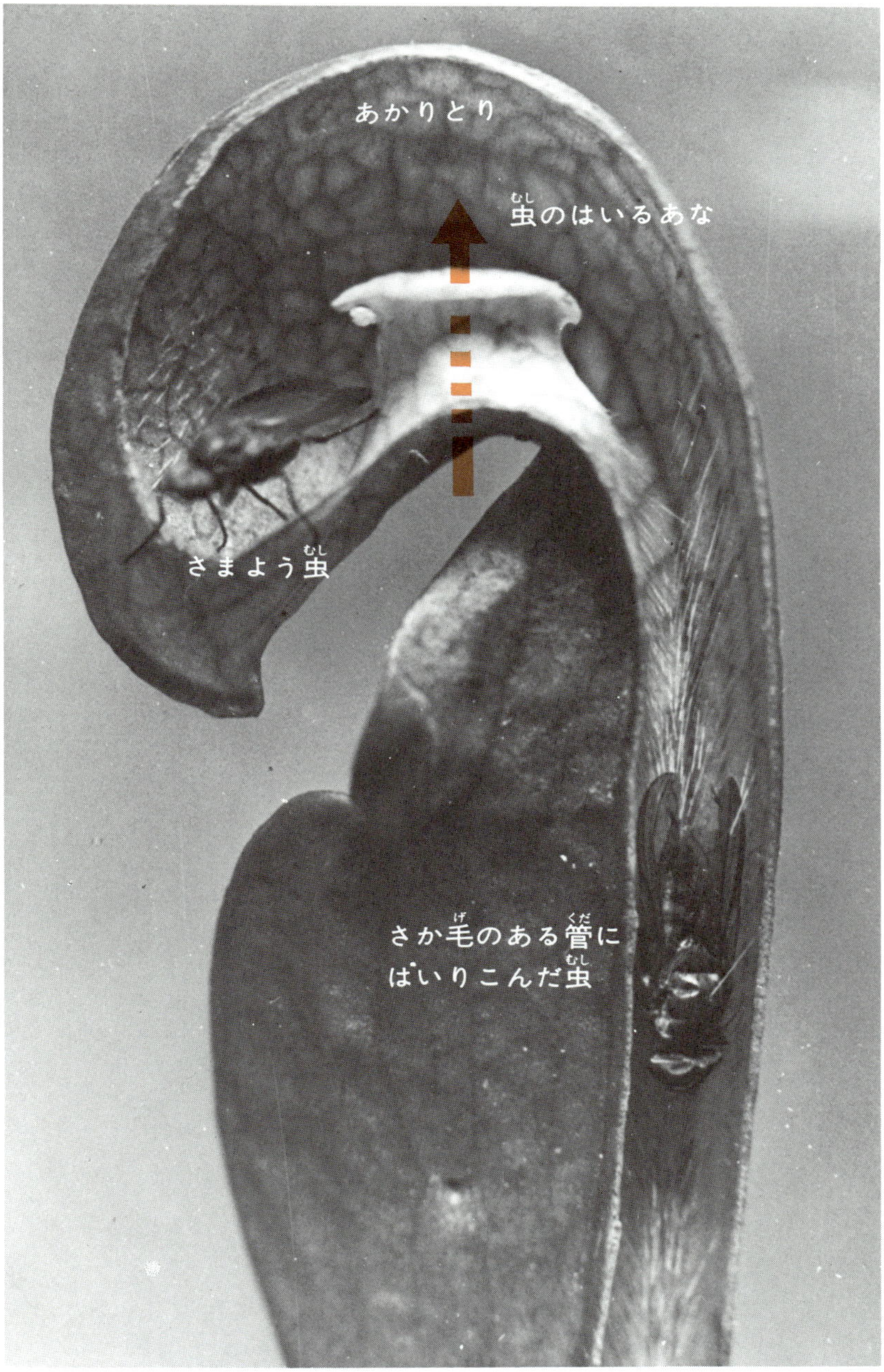

←サラセニア・プシタシナの捕《ほ》虫《ちゅう》ぶくろの断面《だんめん》。

そのうちに、ほそい管《くだ》に頭《あたま》をつっこんだら、それでおわりです。ほそい管《くだ》には、下《した》むきの毛《け》がはえていて、虫《むし》がうごけばうごくほど、下《した》のほうへおくられてしまうしくみになっています。ウナギとりのかごは、こんなかたちをしていますね。

あとがき

尾瀬《おぜ》ではじめてナガバノモウセンゴケをみたとき、本当《ほんとう》に驚《おどろ》きました。足《あし》もとでガサガサという、すれあうようなトンボの羽音《はおと》がするのです。腰《こし》をかがめてみますと、きれいなハッチョウトンボが、ナガバノモウセンゴケに捕《とら》えられていました。そして逃《のが》れようと必死《ひっし》にもがいているのです。逃《に》がしてなるものかとモウセンゴケも粘液《ねんえき》をだして、これも必死《ひっし》に巻《ま》きこみ運動《うんどう》をしていました。植物《しょくぶつ》と虫《むし》の格闘《かくとう》をまのあたりにみて、すっかり食虫植物《しょくちゅうしょくぶつ》のとりこになりました。

それ以来《いらい》、日本《にっぽん》のものをはじめ、外国《がいこく》のものも、自生地《じせいち》へいったり栽培《さいばい》したりして観察《かんさつ》を続《つづ》けてきました。調《しら》べれば調《しら》べる程《ほど》興味《きょうみ》はつのるばかりです。形《かたち》やつくりのおもしろさ、それらの不思議《ふしぎ》なはたらきが、次《つぎ》つぎにわかってきました。

人間《にんげん》を含《ふく》めて動物《どうぶつ》は、いろいろちえをしぼって生活《せいかつ》しますが、植物《しょくぶつ》にもすばらしい生活《せいかつ》のちえのあることを知《し》りました。見方《みかた》によっては植物《しょくぶつ》のうちで、食《しょく》虫植物《ちゅうしょくぶつ》が一番《ばん》のちえ者《しゃ》のように思《おも》われます。

このすばらしい不思議《ふしぎ》な食虫植物《しょくちゅうしょくぶつ》の生活《せいかつ》のしかたを知《し》ってもらうために、この本《ほん》ができました。

山《やま》や高原《こうげん》へいったとき、植物園《しょくぶつえん》を訪《おとず》れたとき、この本《ほん》が参考《さんこう》になって、よりいっそう食虫植物《しょくちゅうしょくぶつ》に興味《きょうみ》をもつようになっていただければうれしく思《おも》います。

清水《しみず》　清《きよし》

（一九七二年九月）

NDC471
清水　清
科学のアルバム　植物２
食虫植物のひみつ
あかね書房 2005
54P　23×19cm

○表紙写真
・虫《むし》をとらえたハエトリソウ
○裏表紙写真（上から）
・フクロユキノシタ
・ナガバノモウセンゴケの群落《ぐんらく》
・葉《は》をひろげたモウセンゴケ
○扉写真
・捕虫器《ほちゅうき》をたくさんつけたムジナモ
○もくじ写真
・虫《むし》をとらえたハエトリソウ

科学のアルバム
食虫植物のひみつ

一九七二年九月初版
二〇〇五年 四 月新装版第 一 刷
二〇二四年一〇月新装版第一三刷

著者　清水　清
発行者　岡本光晴
発行所　株式会社 あかね書房
〒一〇一―〇〇六五
東京都千代田区西神田三―二―一
電話〇三―三二六三―〇六四一（代表）
https://www.akaneshobo.co.jp
印刷所　株式会社 精興社
写植所　株式会社 田下フォト・タイプ
製本所　株式会社 難波製本

ISBN978-4-251-03319-2
定価は裏表紙に表示してあります。
落丁本・乱丁本はおとりかえいたします。

科学のアルバム

全国学校図書館協議会選定図書・基本図書
サンケイ児童出版文化賞大賞受賞

虫

モンシロチョウ
アリの世界
カブトムシ
アカトンボの一生
セミの一生
アゲハチョウ
ミツバチのふしぎ
トノサマバッタ
クモのひみつ
カマキリのかんさつ
鳴く虫の世界
カイコ まゆからまゆまで
テントウムシ
クワガタムシ
ホタル 光のひみつ
高山チョウのくらし
昆虫のふしぎ 色と形のひみつ
ギフチョウ
水生昆虫のひみつ

植物

アサガオ たねからたねまで
食虫植物のひみつ
ヒマワリのかんさつ
イネの一生
高山植物の一年
サクラの一年
ヘチマのかんさつ
サボテンのふしぎ
キノコの世界
たねのゆくえ
コケの世界
ジャガイモ
植物は動いている
水草のひみつ
紅葉のふしぎ
ムギの一生
ドングリ
花の色のふしぎ

動物・鳥

カエルのたんじょう
カニのくらし
ツバメのくらし
サンゴ礁の世界
たまごのひみつ
カタツムリ
モリアオガエル
フクロウ
シカのくらし
カラスのくらし
ヘビとトカゲ
キツツキの森
森のキタキツネ
サケのたんじょう
コウモリ
ハヤブサの四季
カメのくらし
メダカのくらし
ヤマネのくらし
ヤドカリ

天文・地学

月をみよう
雲と天気
星の一生
きょうりゅう
太陽のふしぎ
星座をさがそう
惑星をみよう
しょうにゅうどう探検
雪の一生
火山は生きている
水 めぐる水のひみつ
塩 海からきた宝石
氷の世界
鉱物 地底からのたより
砂漠の世界
流れ星・隕石